目　次

前　言

本标准依据 GB/T 1.1—2009《标准化工作导则　第 1 部分：标准的结构和编写》和 DL/T 800—2012《电力企业标准编制导则》给出的规则起草。

为加强对 SF_6 气体绝缘设备的监督与管理，确保设备安全运行，根据国家电网公司提出的设备检测有关规定、要求及状态检修工作的需求，本标准对气体绝缘设备中 SF_6 气体分解产物的现场检测提供指导。

本标准由国家电网公司运维检修部提出并解释。

本标准由国家电网公司科技部归口。

本标准起草单位：中国电力科学研究院、陕西电力科学研究院、安徽省电力科学研究院、重庆市电力公司电力科学研究院、黑龙江省电力科学研究院、江苏省电力公司电力科学研究院。

本标准主要起草人：宋杲、王承玉、刘明、焦飞、杨韧、颜湘莲、苏镇西、季严松、鲁钢、刘汉梅、姚强、余翔。

本标准为首次发布。

SF_6气体分解产物检测技术现场应用导则

1 范围

本标准对设备中 SF_6 气体分解产物现场检测项目、检测方法、检测周期、评价标准及安全防护提出了要求和规定。

本标准适用于国家电网公司所属 SF_6 气体绝缘设备的监督和管理，对气体绝缘设备中 SF_6 气体分解产物的现场检测提供指导。

本标准为 SF_6 气体分解产物现场检测导则，可与现行 SF_6 气体检测和管理的规定及标准同时实施。

2 规范性引用文件

下列文件对于本文件的应用是必不可少的。凡是注日期的引用文件，仅注日期的版本适用于本文件。凡是不注日期的引用文件，其最新版本（包括所有的修改单）适用于本文件。

GB/T 7230—2008 气体检测管装置

GB/T 8905—2012 六氟化硫电气设备中气体管理和检测导则

3 术语和定义

下列术语和定义适用于本文件。

3.1

SF_6气体绝缘设备 SF_6 gas insulated equipment

任何使用SF_6气体作为绝缘介质的电气设备，简称设备。

3.2

SF_6气体分解产物 SF_6 decomposition products

设备中SF_6气体发生反应生成的气体杂质。

3.3

电化学传感器 electrochemical sensor

基于被测气体的电化学性质，将被测气体含量转换为检测电信号的一种传感器。

3.4

SF_6气体分解产物检测仪（电化学传感器原理） detection instrument of SF_6 decomposition products

利用电化学传感器检测设备中 SF_6 气体分解产物的仪器，简称检测仪。

3.5

响应时间 response time

在通常条件下，检测仪从进气达到稳定示值的时间，规定达到最大量程90%的时间作为响应时间。

3.6

最小检测量 minimum detectable quantity

在通常条件下，检测仪能够准确检测出的气体最小含量。

3.7

气体检测管 gaseous detection tube

填充涂有化学试剂的载体的透明管，利用指示剂在化学反应中产生的颜色变化测定气体的成分和含量。

3.8

气体采集装置　gas sampling device

具有气体流量控制功能，连接检测管直接检测设备中气体含量的装置。

3.9

采样器　sampling device

与气体检测管配套使用的手动或自动采集气体样品的装置。

3.10

便携式气相色谱仪　portable gas chromatograph

便于携带至现场检测设备中 SF_6 气体分解产物的气相色谱仪，简称色谱仪。

4　检测项目

4.1　SF_6 气体的检测项目有二氧化硫气体（SO_2）、硫化氢气体（H_2S）、一氧化碳气体（CO）和四氟化碳气体（CF_4）的含量检测。

4.2　设备中 SF_6 气体的不同组分适用的现场检测方法列于表 1。

表 1　SF_6 气体组分及其现场检测方法

气体组分	现场检测方法
SO_2	电化学传感器检测法、气体检测管检测法
H_2S	电化学传感器检测法、气体检测管检测法
CO	电化学传感器检测法、气体检测管检测法
CF_4	气相色谱检测法

5　检测方法

5.1　电化学传感器检测法

本方法规定了设备中 SF_6 气体分解产物 SO_2、H_2S 和 CO 的电化学传感器检测方法，适用于设备进行交接试验、例行试验、诊断性试验和设备故障时对 SF_6 气体中 SO_2、H_2S 和 CO 的含量检测。

5.1.1　检测原理

根据被测气体中的不同组分改变电化学传感器输出的电信号，从而确定被测气体中的组分及其含量。

5.1.2　仪器和材料

5.1.2.1　采用电化学传感器原理，能同时检测设备中 SF_6 气体的 SO_2、H_2S 和 CO 组分或 SO_2、H_2S 组分的含量。

5.1.2.2　对 SO_2 和 H_2S 气体的检测量程应不低于 100μL/L，对 CO 气体的检测量程应不低于 500μL/L。

5.1.2.3　检测时所需气体流量应不大于 300mL/min。

5.1.2.4　最小检测量应不大于 0.5μL/L。

5.1.2.5　响应时间应不大于 60s。

5.1.2.6　检测仪接口能连接设备的取气阀门，且能承受设备内部的气体压力。

5.1.2.7　检测仪应在检验合格报告有效期内使用，需每年进行检验。

5.1.2.8　检测用气体管路应使用聚四氟乙烯管（或其他不吸附 SO_2 和 H_2S 气体的材料），壁厚不小于 1mm、内径为 2mm～4mm，管路内壁应光滑、清洁。

5.1.2.9　气体管路连接用接头内垫宜用聚四氟乙烯垫片，接头应清洁、无焊剂和油脂等污染物。

5.1.3　检测环境

a）环境温度：–10℃～40℃，–25℃～40℃。

b）相对湿度：不大于 85%。

c）海拔：1000m 以下。

5.1.4　检测步骤

5.1.4.1　检测前，应检查检测仪电量，若电量不足应及时充电。用高纯 SF_6 气体冲洗检测仪，直至仪器示值稳定在零点漂移值以下，对有软件置零功能的仪器进行清零。

5.1.4.2　用气体管路接口连接检测仪与设备，采用导入式取样方法就近检测 SF_6 气体分解产物的组分及其含量。检测用气体管路不宜超过 5m，保证接头匹配、密封性好，不得发生气体泄漏现象。

5.1.4.3　按照检测仪操作使用说明书调节气体流量进行检测，根据取样气体管路的长度，先用设备中气体充分吹扫取样管路中的气体。检测过程中应保持检测流量的稳定，并随时注意观察设备气体压力，防止气体压力异常下降。

5.1.4.4　根据检测仪操作使用说明书的要求判定检测结束时间，记录检测结果。重复检测两次。

5.1.4.5　检测过程中，若检测到 SO_2 或 H_2S 气体含量大于 10μL/L，应在本次检测结束后立即用 SF_6 新气对检测仪进行吹扫，至仪器示值为零。

5.1.4.6　检测完毕后，关闭设备的取气阀门，恢复设备至检测前状态。用 SF_6 气体检漏仪进行检漏，如发生气体泄漏，应及时维护处理。

5.1.4.7　检测工作结束后，按照检测仪操作使用说明书对检测仪进行维护。

5.1.5　检测结果处理

5.1.5.1　检测结果用体积分数表示，单位为μL/L。

5.1.5.2　取两次有效检测结果的算术平均值作为最终检测结果，所得结果应保留小数点后1位有效数字。

5.1.6　检测报告

按照附录 A 填写。

5.2　气体检测管检测法

本方法规定了设备中 SF_6 气体分解产物 SO_2、H_2S 和 CO 的气体检测管检测方法，适用于设备进行诊断性试验和设备故障时对 SF_6 气体中 SO_2、H_2S 和 CO 的含量检测。

5.2.1　检测原理

被测气体与检测管内填充的化学试剂发生反应生成特定的化合物，引起化学试剂颜色的变化，根据颜色变化指示的长度得到被测气体中所测组分的含量。

5.2.2　仪器和材料

5.2.2.1　SO_2、H_2S 和 CO 气体检测管的准确度应满足 GB/T 7230—2008 中 5.1.6 的要求。

5.2.2.2　用气体采集装置或气体采样容器与采样器配套进行气体采样，采样容器应具有抗吸附能力。

5.2.2.3　检测气体管路应使用聚四氟乙烯管（或其他不吸附 SO_2 和 H_2S 气体的材料），壁厚不小于 1mm、内径为 2mm～4mm，管路内壁应光滑清洁。

5.2.2.4　检测用接头内垫宜用聚四氟乙烯垫片，接头应清洁、无焊剂和油脂等污染物。

5.2.3　检测环境

a）环境温度：10℃～30℃。

b）相对湿度：不大于 85%。

c）海拔：1000m 以下。

5.2.4　检测步骤

5.2.4.1　气体采集装置检测方法

a）用气体管路接口连接气体采集装置与设备取气阀门，按检测管使用说明书要求连接气体采集装置与气体检测管。

b） 打开设备取气阀门，按照检测管使用说明书，通过气体采集装置调节气体流量，先冲洗气体管路约 30s 后开始检测，达到检测时间后，关闭设备阀门，取下检测管。

c） 从检测管色柱所指示的刻度上，读取被测气体中所测组分指示刻度的最大值。

d） 检测完毕后，恢复设备至检测前状态。用 SF_6 气体检漏仪进行检漏，如发生气体泄漏，应及时维护处理。

5.2.4.2 采样容器取样检测方法

a） 气体取样方法。

1） 按图 1 所示连接气体采样容器取样系统。

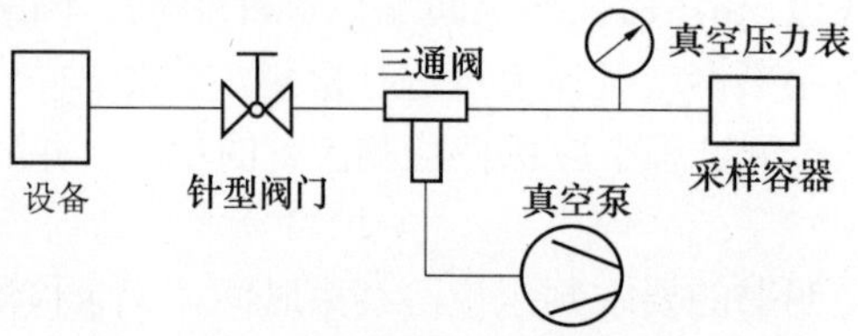

图 1 气体采样容器取样系统示意图

2） 关闭针型阀门，旋转三通阀，使采样容器与真空泵接通，启动真空泵对取样系统抽真空，至取样系统中的真空压力表降为–0.1MPa。

3） 维持 1min，观察真空压力表指示，确定取样系统密封性能是否良好。

4） 打开设备取气阀门，调节针型阀门，旋转三通阀，将采样容器与设备接通，使设备中的气体充入采样容器中，充气压力不宜超过 0.2MPa。

5） 重复步骤 2）～4)，用设备中的气体冲洗采样容器 2 次～3 次后开始取样，取样完毕后依次关闭采样容器的进气口、针型阀门和设备阀门，取下采样容器，贴上标签。

b） 按照采样器使用说明书，将气体检测管与气体采样容器和采样器连接，按照检测管使用说明书要求对采样容器中的气体进行检测，达到检测时间后，取下检测管，关闭采样容器的出气口。

c） 从检测管色柱所指示的刻度上，读取被测气体中所测组分指示刻度的最大值。

d） 检测完毕后，恢复设备至检测前状态。用 SF_6 气体检漏仪进行检漏，如发生气体泄漏，应及时进行维护处理。

5.2.5 注意事项

5.2.5.1 定期对气体采集装置的流量计进行校准，确保检测结果的准确度。

5.2.5.2 用气体采样容器取样检测前，应先检查采样器是否漏气，如有漏气现象，应及时进行维护处理。

5.2.5.3 检测管应在有效期内使用。

5.2.6 检测报告

按照附录 A 填写。

5.3 气相色谱检测法

本方法规定了设备中 SF_6 气体分解产物 CF_4 的气相色谱现场检测方法，适用于设备进行交接试验、诊断性试验和设备故障时对 SF_6 气体中 CF_4 的含量检测。

5.3.1 检测原理

气相色谱是以惰性气体（载气）为流动相，以固体吸附剂或涂渍有固定液的固体载体为固定相的柱色谱分离技术，配合热导检测器（TCD），检测出被测气体中的 CF_4 含量。

5.3.2 仪器和材料

5.3.2.1 色谱仪

配置 TCD 检测器，由气路控制系统、进样系统、色谱柱、温度控制系统、检测器和工作站（数据分析系统）等构成。

5.3.2.2　**载气**

氦气（He），体积分数不低于99.999%。

5.3.2.3　**标准气体**

使用具有国家标准物质证书的气体生产厂家生产的 CF_4 单一组分气体，平衡气体为 He，含量范围为 50μL/L～500μL/L，附有组分含量检验合格证并在有效期内。

5.3.2.4　**气体管路**

a） 检测气体管路应使用聚四氟乙烯管（或其他不吸附 SO_2 和 H_2S 气体的材料），壁厚不小于 1mm、内径为 2mm～4mm，管路内壁应光滑、清洁。

b） 气体管路连接用接头内垫宜用聚四氟乙烯垫片，接头应清洁、无焊剂和油脂等污染物。

5.3.3　**检测环境**

a） 环境温度：0℃～40℃。

b） 相对湿度：不大于 85%。

c） 海拔：1000m 以下。

5.3.4　**检测步骤**

5.3.4.1　**色谱仪标定**

采用外标法，在色谱仪工作条件下，用 CF_4 标准气体进样标定。

5.3.4.2　**检测前准备工作**

先打开载气阀门，接通主机电源，连接色谱仪主机与工作站。调节合适的载气流量，设置色谱仪工作参数、热导检测器温度和色谱柱温度等。待温度稳定后，观察色谱工作站显示基线，确定色谱仪性能处于稳定待用状态。

5.3.4.3　**气体的定量采集**

将色谱仪六通阀置于取样位置，连接设备取气阀门与色谱仪取样口。按照色谱仪使用条件，打开设备阀门，控制流量，冲洗定量管及取样气体管路约 1min 后，关闭设备取气阀门。

5.3.4.4　**检测分析**

在色谱仪稳定工作状态下，旋转六通阀至进样位置，直至工作站输出显示 CF_4 谱图，记录 CF_4 峰面积（或峰高）。分析完毕，将六通阀转至取样位置。

5.3.4.5　检测完毕后，恢复设备至检测前状态。用 SF_6 气体检漏仪进行检漏，如发生气体泄漏，应及时维护处理。

5.3.5　**检测结果处理**

5.3.5.1　根据 CF_4 的峰面积（或峰高），按式（1）计算 CF_4 含量：

$$X_{ig} = c_{is} \times \frac{A_{ig}}{A_{is}} \tag{1}$$

式中：

X_{ig} ——被测气体中的 CF_4 含量，μL/L；

c_{is} ——标准气体中的 CF_4 含量，μL/L；

A_{ig} ——被测气体中的 CF_4 峰面积；

A_{is} ——标准气中的 CF_4 峰面积；

A_{ig}、A_{is} 也可用峰高 h_{ig}、h_{is} 代替。

5.3.5.2　取两次有效检测结果的算术平均值作为最终检测结果，所得结果应保留小数点后 1 位有效数字。

5.3.6　**注意事项**

色谱仪开机前应先打开载气阀门，再开主机；关闭色谱仪时，先关主机，后关载气，以避免检测器损坏。

5.3.7 检测报告

按照附录 A 填写。

6 检测周期

6.1 在安全措施可靠的条件下，可在设备带电状况下进行SF_6气体分解产物检测。

6.2 对不同电压等级系统中的设备，建议按表 2 给出的检测周期进行 SF_6 气体分解产物现场检测。

表 2 不同电压等级设备的 SF_6 气体分解产物检测周期

<table>
<tr><th>标称电压
kV</th><th>检 测 周 期</th><th>备 注</th></tr>
<tr><td>750、1000</td><td>1）新安装和解体检修后投运 3 个月内检测 1 次。
2）交接验收耐压试验前后。
3）正常运行每 1 年检测 1 次。
4）诊断性检测</td><td rowspan="4">诊断性检测：
1）发生短路故障、断路器跳闸时。
2）设备遭受过电压严重冲击时，如雷击等。
3）设备有异常声响、强烈电磁振动响声时</td></tr>
<tr><td>330～500</td><td>1）新安装和解体检修后投运 1 年内检测 1 次。
2）交接验收耐压试验前后。
3）正常运行每 3 年检测 1 次。
4）诊断性检测</td></tr>
<tr><td>66～220</td><td>1）与状态检修周期一致。
2）交接验收耐压试验前后。
3）诊断性检测</td></tr>
<tr><td>≤35</td><td>诊断性检测</td></tr>
</table>

7 评价标准

7.1 运行设备中 SF_6 气体分解产物的气体组分、检测指标及其评价结果见表 3。

7.2 若设备中 SF_6 气体分解产物 SO_2 或 H_2S 含量出现异常，应结合 SF_6 气体分解产物的 CO、CF_4 含量及其他状态参量变化、设备电气特性、运行工况等，对设备状态进行综合诊断。

表 3 SF_6 气体分解产物的气体组分、检测指标和评价结果

<table>
<tr><th>气体组分</th><th colspan="2">检测指标
μL/L</th><th>评价结果</th></tr>
<tr><td rowspan="4">SO_2</td><td>≤1</td><td>正常值</td><td>正常</td></tr>
<tr><td>1～5*</td><td>注意值</td><td>缩短检测周期</td></tr>
<tr><td>5～10*</td><td>警示值</td><td>跟踪检测，综合诊断</td></tr>
<tr><td>>10</td><td>警示值</td><td>综合诊断</td></tr>
<tr><td rowspan="4">H_2S</td><td>≤1</td><td>正常值</td><td>正常</td></tr>
<tr><td>1～2*</td><td>注意值</td><td>缩短检测周期</td></tr>
<tr><td>2～5*</td><td>警示值</td><td>跟踪检测，综合诊断</td></tr>
<tr><td>>5</td><td>警示值</td><td>综合诊断</td></tr>
<tr><td colspan="4">注 1：灭弧气室的检测时间应在设备正常开断额定电流及以下电流值 48h 后。
注 2：CO 和 CF_4 作为辅助指标，与初值（交接验收值）进行比较，跟踪其增量变化，若变化显著，应进行综合诊断。
* 表示不包括该值。</td></tr>
</table>

8 安全防护

8.1 检测时，应认真检查气体管路、检测仪器与设备的连接，防止气体泄漏，必要时检测人员应佩戴安全防护用具。

8.2 检测人员和检测仪器应避开设备取气阀门开口方向，防止发生意外。

8.3 在检测过程中，应严格遵守操作规程，防止气体压力突变造成气体管路和检测仪器损坏，须监控设备内的压力变化，避免因 SF_6 气体分解产物检测造成设备压力的剧烈变化。

8.4 设备解体时，应按照 GB/T 8905—2012 中 7.4 的规定进行安全防护。

8.5 检测仪器的尾部排气应回收处理。

附 录 A
（规范性附录）
现场检测报告格式

现场检测报告格式见表 A.1。

表 A.1 现场检测报告格式

<table>
<tr><td colspan="12">××公司 SF_6 气体分解产物现场检测报告</td></tr>
<tr><td>变电站名称</td><td></td><td>电压等级 kV</td><td></td><td>检测性质</td><td></td><td>检测依据</td><td></td><td>检测方法</td><td></td><td>环境温度</td><td></td></tr>
<tr><td>相对湿度</td><td></td><td>海拔</td><td></td><td>检测日期</td><td></td><td>检测单位</td><td></td><td>检测人员</td><td></td><td>审核人</td><td></td></tr>
<tr><td rowspan="2">检测仪</td><td>仪器名称/编号</td><td colspan="2"></td><td>仪器型号</td><td colspan="3"></td><td>生产厂家</td><td colspan="3"></td></tr>
<tr><td>出厂日期</td><td colspan="2"></td><td>检验单位</td><td colspan="3"></td><td>检验日期</td><td colspan="3"></td></tr>
<tr><td rowspan="7">检测结果</td><td>设备名称/编号</td><td>设备型号</td><td>生产厂家</td><td>出厂编号</td><td>出厂日期</td><td>投运日期</td><td>气室名称/编号</td><td>SO_2 μL/L</td><td>H_2S μL/L</td><td>CO μL/L</td><td>CF_4 μL/L</td></tr>
<tr><td></td><td></td><td></td><td></td><td></td><td></td><td></td><td></td><td></td><td></td><td></td></tr>
<tr><td></td><td></td><td></td><td></td><td></td><td></td><td></td><td></td><td></td><td></td><td></td></tr>
<tr><td></td><td></td><td></td><td></td><td></td><td></td><td></td><td></td><td></td><td></td><td></td></tr>
<tr><td></td><td></td><td></td><td></td><td></td><td></td><td></td><td></td><td></td><td></td><td></td></tr>
<tr><td></td><td></td><td></td><td></td><td></td><td></td><td></td><td></td><td></td><td></td><td></td></tr>
<tr><td></td><td></td><td></td><td></td><td></td><td></td><td></td><td></td><td></td><td></td><td></td></tr>
<tr><td colspan="2">检测初步结论</td><td colspan="10"></td></tr>
<tr><td colspan="2">备注</td><td colspan="10"></td></tr>
</table>

SF_6 气体分解产物检测技术现场应用导则

编 制 说 明

目　　次

一、编制背景

六氟化硫（SF_6）气体具有优良的绝缘和灭弧性能，广泛应用于气体绝缘金属封闭开关设备（GIS）、断路器、变压器、互感器等电气设备，我国 110kV 及以上电压等级的开关设备主要采用 SF_6 气体绝缘设备，由此设备状态的科学评价对确保电网安全运行具有重要意义。研究表明，对于 SF_6 气体绝缘设备的绝缘沿面缺陷、设备内部导体间连接缺陷、设备内部的异常发热、灭弧室内零部件的异常烧蚀等潜伏性故障诊断及 GIS 故障定位方面，SF_6 气体分解物检测方法具有受外界环境干扰小、灵敏度高、准确性好等优势，已成为运行设备状态监测和故障诊断的新技术和有效手段。

目前，现场应用的 SF_6 气体分解产物检测方法主要有电化学传感器法、气体检测管法、气相色谱法等，国内外科研机构和仪器生产厂商研制了相关的检测仪器，如 SF_6 气体分解产物检测仪、SF_6 电气设备故障检测仪、气体检测管、便携式气相色谱仪等。但各检测方法及仪器在现场的应用缺乏规范，存在不少误区：仪器使用操作不当，未及时对仪器进行清理和维护，造成现场检测仪器使用寿命较短、检测精度低等，使得检测结果不可信。因各仪器适用不同的气体分解产物组分，其检测原理、精度、量程、使用条件等各不相同，若不能定期对现场检测仪器进行校准，将使得检测结果存在较大差异，无法比对，严重影响 SF_6 气体分解产物检测工作的开展。

同时，SF_6 气体分解产物现场检测还缺乏相应的评价指标。GB 12022—2006《工业六氟化硫》标准对设备使用的 SF_6 气体新气制定了质量标准，对于运行设备仅监控 SF_6 气体的微水、气压或气体密度，这些参量不能反映设备内部绝缘性能。IEC 60480—2004《从电力设备中取出六氟化硫（SF_6）的检验和处理导则及其再使用规范》规定：重复使用的 SF_6 气体中杂质最大允许含量为 50μL/L，其中 $SO_2+SOF_2 \leqslant 12$μL/L、HF≤25μL/L，这些指标不能满足现场应用的需要。可见，运行部门迫切需要制定 SF_6 气体分解产物检测技术在现场应用的标准，以指导 SF_6 气体分解产物的现场检测。

本标准依据国家电网公司科技部《关于下达 2011 年度国家电网公司技术标准制修订计划的通知》(国家电网科〔2011〕190 号）的要求编写。

二、编制主要原则

为便于 SF_6 气体分解产物现场检测技术的应用，需对现场检测的 SF_6 气体分解产物特征组分、普遍使用的检测方法、设备检测周期、检测结果的评价标准、人员安全防护，及现场仪器使用等给出相应的规范和要求，以指导运行人员有效地开展设备中 SF_6 气体分解产物检测工作。

大量的试验研究和现场检测结果表明，运行设备产生的 SF_6 气体分解产物主要组分有 SO_2、H_2S、CO、HF 和 CF_4 等，但由于 HF 的强腐蚀性和不稳定性，目前仍缺乏 HF 标准物质，且 HF 气体对检测仪器的要求较高，难以进行相关的定性和定量等工作，因此，本标准提出了以 SO_2、H_2S、CO 和 CF_4 作为检测项目。针对这 4 个检测组分，本标准提出相应的检测方法，电化学传感器和气体检测管法都可以检测 SO_2、H_2S 和 CO 的含量，其中电化学传感器法在现场应用较广，具有检测速度快、准确等优势，气体检测管法作为电化学传感器法的补充，检测量程范围大、成本低，适用分解产物含量的粗测，可用于事故后设备故障定位。采用气相色谱法检测 CF_4 含量，在现场应用已比较成熟。

对于不同电压等级的设备，本标准建议了不同的检测周期，基本与设备现行状态检修规程的规定一致，考虑到 1000kV 设备的重要性，建议设备的例行检测周期缩短为每年 1 次。因为设备运行状态与分解产物的关系密切，所以 SF_6 气体分解产物评价标准对其现场应用至关重要，结合现有的普测数据和实验室研究结果，本标准提出了各气体组分的正常值、注意值和警示值范围，随着检测技术发展及相关研究的深入，这些气体组分及其指标会逐步调整，适用现场检测需要。由于 SF_6 气体分解产物中大多组分具有生物毒性，且 SF_6 气体对大气有不利影响，现场检测中应严格考虑检测人员的安全防护，确保设备的正常运行，对检测排放尾气进行环保回收。

三、与其他标准文件的关系

现行与 SF_6 气体分解产物相关的标准如下：

（1）国际标准：IEC 60480—2004 规定，采用检测管现场分析 SO_2、便携式色谱仪现场检测 CF_4；Q/GDW 1896—2013 提出 $SO_2 \leqslant 1$μL/L 为正常值，用检测管法检测 SO_2，用气相色谱法检测 CF_4，与国际标准相符。

（2）国家标准：GB/T 12022—2006、GB/T 8905—2012 提出用气相色谱法检测 CF_4，GB/T 8905—2012 提出用电化学传感器和气体检测管法检测 SO_2，Q/GDW 1896—2013 提出用气相色谱法检测 CF_4，用检测管检测 SO_2，与国家标准一致。

（3）电力行业标准：DL/T 393—2010 《输变电设备状态检修试验规程》提出了 220kV～750kV 设备的例行检测周期为新投运设备满 1 年内检测 1 次，基准周期为 3 年，提出了试验数据的注意值和警示值，新增了 SF_6 气体成分的检测，Q/GDW 1896—2013 的相关内容完全符合行业标准。

Q/GDW 1896—2013 的主要参考文件有国家电网公司科技项目“气体绝缘设备中 SF_6 分解气体检测技术与检测规程研究”的技术报告和《气体绝缘设备中 SF_6 气体分解产物现场检测规程》。

四、主要工作过程

2010 年 10 月，中国电力科学研究院牵头的项目组通过国家电网公司生产技术部向科技部申请立项，制定国家电网公司企业标准《SF_6 气体分解产物检测技术现场应用导则》。

2011 年 3 月，国家电网公司科技部《关于下达 2011 年度国家电网公司技术标准制修订计划的通知》（国家电网科〔2011〕190 号）下达了制定企业标准《SF_6 气体分解产物检测技术现场应用导则》的任务，项目正式启动。为保证项目的顺利实施，中国电力科学研究院组织陕西电力科学研究院、安徽省电力科学研究院、重庆市电力公司电力科学研究院、黑龙江省电力科学研究院和江苏省电力公司电力科学研究院成立标准编写组，进行了大量的项目前期调研及标准起草工作。

2011 年 4 月～8 月，标准编写组搜集了国内外的相关资料：IEC 60480—2004、GB/T 12022—2006、GB/T 8905—2012、DL/T 393—2010。对设备中 SF_6 气体分解产物的现场检测应用情况和国内外 SF_6 气体分解产物检测仪生产厂家进行了调研，并进行了检测技术的实验室验证，开展检测结果的统计分析等工作，编写了标准的初稿。经过对标准初稿的初步评审和多次小范围研讨及修改后，形成了标准讨论稿。

2011 年 9 月，项目组在北京召开了标准讨论会，中国电力科学研究院、陕西电力科学研究院、安徽省电力科学研究院、重庆市电力公司电力科学研究院、黑龙江省电力科学研究院和江苏省电力公司电力科学研究院共 12 人参加了此次会议，经过详细讨论和分析，会议提出了以下修改意见：

修改 SF_6 气体分解产物检测评价标准，删除了非灭弧气室的相关内容，列出了检测指标的正常值、注意值和警示值范围。

2011 年 9 月～10 月，标准编写组多次与现场运行单位、专家、生产厂家等进行沟通，根据项目组意见开展了大量的验证工作。

2011 年 11 月，编写组就本标准内容形成了正式的征求意见稿，向国家电网公司所属的运行部门广泛征求了意见，收集整理回函意见，根据反馈意见完成标准修改，形成了标准送审稿。

2012 年 3 月 9 日，国家电网公司生产技术部组织有关专家对本标准送审稿进行了审查，同意修改后报批。

五、标准的结构和内容

本标准的主题章分为五部分。

（1）SF_6 气体分解产物的现场检测项目。

（2）检测方法。

（3）检测周期。

（4）评价标准。

（5）安全防护。

六、条文说明

6 检测周期

为了推广应用 SF_6 气体分解产物检测技术，本章提出在设备交接验收试验时应进行 SF_6 气体分解产物检测，记录气体组分含量初值，积累设备状态检修的基础数据。

7 评价标准

本章提出了 SF_6 气体分解产物现场检测的评价标准，这是标准的核心内容和重要条文，为运行人员通过检测 SF_6 气体分解产物判断设备状态提供了依据和指导。

评价标准中的检测指标来源于大量的现场检测和实验室研究结果，根据对运行气体绝缘设备近万个气室进行的 SF_6 气体分解产物普测结果及大量的现场应用案例，制定了所检测气体组分的正常值、注意值和警示值范围。随着检测技术的发展及相关研究的深入，这些检测指标和评价结果会逐步调整，更符合运行设备状态评价。

现场检测中，对于断路器、隔离开关和接地开关等操作产生电弧的气室，本标准提出在设备操作 48h 后才能进行 SF_6 气体分解产物检测，消除吸附剂对检测结果的影响。

表 3 中，各检测组分的正常值、注意值和警示值都包括该范围的上限值，对于不同范围内的警示值，需采取不同的处理措施。